計が関係しています。　　　　　　　や生物学者たちは，私たちのもつ時計がもたらṣ時間の謎に，答を出そうとしています。

　本書は，物理学や心理学，生物学など，さまざまな視点から，時間の正体にせまる1冊です。時間の謎を，"最強に"面白く紹介します。どうぞお楽しみください！

ニュートン超図解新書
最強に面白い
時間

イントロダクション

第1章
時間の正体にせまる

第2章
タイムトラベルを科学する

第3章
心の時計，体の時計

イントロダクション

「時間」とは，いったい何なのでしょうか？物理学や生物学，心理学など，多くの学問分野にまたがる難問として，今なお研究者たちを悩ませる時間。イントロダクションでは，研究者たちがどのような問題に取り組んでいるのかを紹介します。

物理学者を
悩ませる時間

時間は，長くなったり
短くなったりする

　「時間が流れる」「時間がなくなった」。私たちは時間についてよく口にします。そもそも時間とは，いったい何なのでしょうか？

　古代の人々にとって，時間とは「循環するもの」でした。かれらは天体のひとめぐりと時間のサイクルを同一視していました。それに対し，イギリスの科学者のアイザック・ニュートン（1643〜1727）は，この宇宙には「絶対時間」が流れている，ととなえました。絶対時間とは，無限の過去から永遠の未来に向かって流れていく，ベルトコンベアのようなものです。さらにその後，絶対時間は，ドイツ生まれの物理学者のアルバート・アインシュタイン（1879〜1955）の「相対性理

1 多くの謎が残る時間

物理学者たちはこれまで，時間の概念を大きく変え
てきました。しかし現在でも，時間にはわからない
ことがたくさんあり，研究がつづけられています。

宇宙がはじまる前は，時間があったのか
どうかもわかっていないんだトキ。

13

論」によって否定され，時間は立場によって長くなったり短くなったりすることがわかりました。

時間には，大きな謎が残されている

ところが時間には，相対性理論をもってしても解決できない大きな謎が残されています。なぜ時間は過去から未来に進むのか？　時間にはじまりや終わりはあるのか？　理論物理学の最前線では，時間の謎を突き止める，新たな挑戦がはじまっています。

これまで，多くの科学者が時間の謎に挑んできたぞ

2 生物学者や心理学者を 悩ませる時間

生物は，専用の時計を 体内にもっている

　地球上のあらゆる動物や植物は，地球の自転にあわせて眠りについたり，花開いたりすることをくりかえしています。生物は，どうやって時間の経過を知っているのでしょうか？

　実は生物は，それぞれ専用の時計を体内にもっています。その時計は，振り子時計のように体内でリズムをきざんでいるといいます。

私たちが感じる時間は， 非常に気まぐれ

　私たちが感じる時間についても考えてみましょう。私たちが感じる時間は，非常に気まぐれ

15

で，かんたんに早くなったり遅くなったりします。同じ1時間でも，何かに熱中しているときにはとても短く感じるでしょう。また，大人になると，子供のころよりも時間が経つのが早くなった，と思う人が多いでしょう。これはなぜなのでしょうか。

　時間は，生物学者や心理学者をも悩ませるテーマなのです。

目に見えない時間のことなんて，どうしたら解明できるのかしら？

2 生物は時計をもつ

生物は，1日の時間に応じて活動しています。生物は，体内に時計をもっており，その時計がきざむ周期で，1日の体のリズムがつくられています。

アナログ腕時計で、方角がわかる！

山の中で、道に迷ってしまい、方角がわからない……。そんなとき、アナログの腕時計があれば、方角を知ることができます。その方法は、とても簡単です。時計を水平に持ち、短針を太陽の方向に向けるだけです。このとき、短針と12時の目盛のちょうど真ん中の方向が、「南北方向」になります。午前であれば文字盤の左側が「南」、午後であれば文字盤の右側が「南」です。

たとえば、午前8時に短針を太陽に向けます。すると、8時と12時の目盛りのちょうど真ん中にある、10時の目盛の方角が南になります。

この方法は、12時ぴったりに太陽が真南にくる（南中する）ことを前提にしています。厳密には、地域や季節によって南中する時間には誤差があり

18

ます。そのため，おおよその方角を知るための方法として，覚えておくとよいでしょう。ちなみに，南半球では太陽が北側にのぼるので，同様の方法で「北」の方角がわかります。

午前8時

【本書の主な登場人物】

ルートヴィッヒ・ボルツマン
（1844 ～ 1906）
オーストリアの物理学者。数学と
物理学の教授として大きな功績
を残した。「時間の矢」と呼ばれ
る時間の一方向性の原因は「エン
トロピー」であると考えた。

中学生

トキ

21

第1章

時間の正体に

せまる

時間は，過去から未来へとひたすら流れていくようにみえます。時間を巻きもどすことはできないのでしょうか？　時間にはじまりや終わりはあるのでしょうか？　第1章では，2500年以上も人々を悩ませる時間の謎を，物理学の視点から探ります。

1 時間の正体は，2500年以上前からの謎

時間は，運動や変化が
おきてはじめて認識できる

　時間とは何か？　この疑問を最も早く考えた
人物の一人が，古代ギリシアの哲学者アリストテ
レス（紀元前384〜紀元前322）です。アリスト
テレスは著作『自然学』の中で，次のように論じ
ました。「時間は，運動の前後における数であ
る」。アリストテレスは，物事の変化の数が時間
である，と考えたのです。

　アリストテレスにとって，時間は，運動や変化
がおきてはじめて認識できるものでした。

24

飛ぶ矢は，一瞬一瞬では静止している

　さらにアリストテレスは同書で，「飛ぶ矢のパラドックス」を紹介しました。「飛ぶ矢は，一瞬一瞬では静止している。静止している矢をいくら集めても，矢は飛ばない」。

　しかしもちろん，現実には矢は飛びます。このパラドックスを考えていくと，やはり時間とは何かという問題に突き当たります。

　また，「一瞬」とは何なのでしょうか？　時間を無限に短くきざんだものが一瞬だとしても，時間を無限に短く刻むことは可能なのでしょうか？　こうした問題は，現代物理学の最前線で，今まさに論じられているテーマです。

1 飛ぶ矢のパラドックス

飛んでいる矢は, どの一瞬一瞬でも静止しています。静止している矢をいくら集めても, 飛ぶ矢はあらわれないはずです。矢はなぜ進むのでしょうか? これは, 「飛ぶ矢のパラドックス」とよばれる問題です。

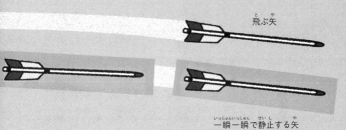

飛ぶ矢

一瞬一瞬で静止する矢

古代の人は，天体の動きを 時間の基準にした

古代の人々にとって， 時間は循環するもの

古代の人々は，天体の動きによって時の流れを 把握しました。太陽は沈んでも，また昇ってきま す。満月も1か月後にはふたたびやってきます。 天体の動きを時間の基準にしていた人々にとっ て，時間は循環するものでした。

　天体の動きは，1年の長さも教えてくれまし た。古代エジプトの人々は，全天でいちばん明る い星であるシリウスが，夜明け直前に東の地平 線から昇るときを，1年のはじまりと定めていま した。季節の訪れを正確に知ることは，ナイル 川のはんらんの時期を予見したり，また種まきの 最適な時期を見さだめたりするうえで，きわめて 重要な意味をもっていたのです。

2 古代エジプトの初日の出

古代エジプトの暦では，シリウスが夜明け直前に昇る日（現代の暦では7月下旬）を，1年のはじまりと定めていました。ここにえがいたのは，ギザのピラミッドの西側からながめた，当時の暦における初日の出の想像図です。

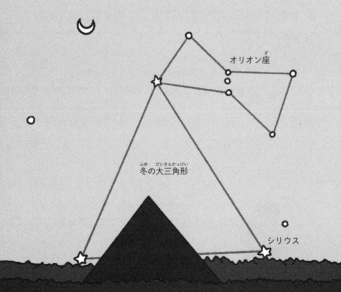

オリオン座

冬の大三角形

シリウス

1時間の長さは，
変化するものだった

　古代エジプトの人々は，1日を昼と夜に分け，それぞれを12個に区切って1時間の長さを決めていました。昼の長さは冬より夏の方が長いため，冬の1時間よりも，夏の1時間の方が長いことになります。当時の人々にとって，1時間の長さは不変ではなく，季節によって変化するものでした。

　世界最古の時計である日時計は，紀元前4000年ごろからエジプトなどで使われていたと考えられているぞ。

3 ガリレオは，振り子を使って時間を決めた

科学者ガリレオ・ガリレイの大発見

中世まで，時計といえば，機械時計や日時計，水時計などしかありませんでした。これらの時計では，1時間の長さははかるたびにまちまちでした。その状況を一変させたのは，イタリアの科学者のガリレオ・ガリレイ（1564〜1642）です。1583年のある日，ガリレオはピサの大聖堂の天井からつるされたランプのゆれをながめていました。その際に，ゆれが大きいときの往復時間とゆれが小さくなったときの往復時間が，どちらも同じであることを発見したのです。

一定間隔で時をきざむ
「振り子時計」の原理

　ガリレオが発見した法則は,「振り子の等時性」とよばれます。たとえば長さ1メートルの振り子が1往復にかかる時間は, ゆれの大きさや振り子の重さによらず, いつもほぼ2秒です。これが, 一定間隔で時をきざむことのできる振り子時計の原理となりました。

　実用に耐えうる振り子時計は, 1656年にオランダの数学者で物理学者のクリスチャン・ホイヘンス(1629〜1695)によって発明されました。この振り子時計によってまちまちだった1時間のイメージは, いつも一定の長さできざまれる1時間へと変わっていきました。

3 振り子の等時性

振り子の1往復にかかる時間の長さ（周期）は，振り子の長さだけで決まり，振り子のゆれの大きさや振り子の重さとは無関係です。ガリレオが発見したこの原理を，「振り子の等時性」といいます。

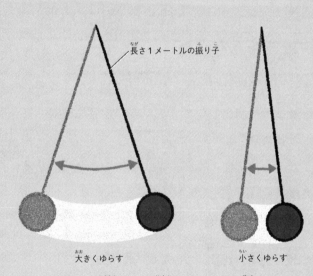

長さ1メートルの振り子

大きくゆらす　　　小さくゆらす

1往復にかかる時間はどちらもほぼ2秒

振り子をどんな大きさでゆらしても，同じ長さの振り子はいつも同じ時間で往復するトキ。

あらゆるものは, 同じ時をきざむと考えられた

ニュートンは, 新しい時間の概念をとなえた

　振り子時計が発明された17世紀には, 時間の概念の歴史において, きわめて重要な役割を果たした科学者があらわれました。アイザック・ニュートンです。ニュートンは,「絶対時間」とよばれる時間の概念をとなえました。

絶対時間は, 人々の常識となっていった

　ニュートンが考えた絶対時間では, 宇宙のすべてが等しく時をきざみつづけます。物体があろうとなかろうと, 運動していようとしていまいと, そうしたこととは無関係に, ただひたすら一

4 ニュートンの絶対時間

ニュートンの考えた絶対時間は，たとえるならば，宇宙のすべてを乗せて，どこまでも一定の速度で流れていくベルトコンベアのようなものです。宇宙の何ものも，絶対時間という名のベルトコンベアからのがれることはできず，宇宙のあらゆるものが同じテンポで時をきざみつづけます。

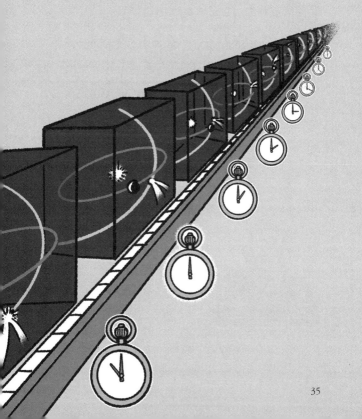

35

定のテンポがきざまれるのです。

　仮に，宇宙にあるすべての時計がなくなって
しまったとしても，依然としてそこに時間は流れ
ると考えます。さらには，時計だけでなく，す
べての物質がきれいさっぱりとなくなって，ただ
の空虚な空間になってしまったとしても，やはり
時間は流れつづけると考えるのです。

　ニュートンは絶対時間の考え方を基礎にして，
物体の運動についての理論である「ニュートン力
学」を確立しました。絶対時間の概念は定着し，
人々の常識となっていきました。

この絶対時間に反論したの
が，ドイツの哲学者で数学
者のゴットフリート・ライ
プニッツ。二人は微分積分
のことでも争っていたな※。

※：ニュートンとライプニッツは，微分積分をどちらが先に発見したのか，争
　　っています。

5 時間の進み方は，みんな同じではなかった！

アインシュタインは，時間の概念に革命をおこした

　1905年，特許局の職員だった26歳のアインシュタインは，時間と空間の理論である「特殊相対性理論」をつくりあげました。この理論が説明する時間の姿は，それまでの常識からかけはなれた，まったく奇妙なものでした。それは，次のようなものです。

　「運動するものの時間は遅れる。運動の速度が光の速さに近づくほど時間の進み方が遅くなり，光の速さに達すると時間は止まる」。

　特殊相対性理論は，宇宙のすべてが等しく時をきざむとするニュートンの絶対時間を否定しました。アインシュタインは，時間の概念に革命をおこしたのです。

重力が強い場所ほど，時間の進み方が遅くなる

　時間の革命は，まだ終わりませんでした。アインシュタインが1915年から1916年にかけて完成させた重力の理論である「一般相対性理論」は，重力が強い場所ほど，時間の進み方が遅くなることを明らかにしました。地球の中心からはなれるほど，地球の重力は弱まります。そのため，標高8848メートルのエベレスト山頂に置かれた時計は，海抜0メートルに置かれた時計にくらべて，100年あたり300分の1秒ほど速く進むのです。

重力の強さで時間の進み方が変わるなんて，不思議！

5 相対性理論による時間

相対性理論によると，地上で静止した人の時計とくらべると，高速で飛ぶジェット機の時計は遅れます。また，強い重力源のまわりでも，時間はゆっくりすすみます。

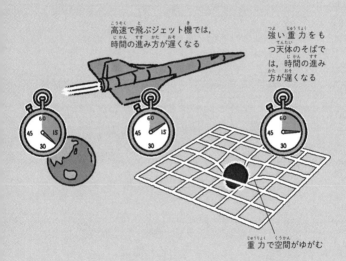

高速で飛ぶジェット機では，時間の進み方が遅くなる

強い重力をもつ天体のそばでは，時間の進み方が遅くなる

重力で空間がゆがむ

時速1000キロのジェット機の中の時計は，地上で静止した人の時計にくらべて，1秒あたり100兆分の2秒ほど遅れるぞ。

39

時計の進化

　人類は何千年にもわたって，時間をはかるために，日時計，水時計，砂時計などさまざまな時計を生んできました。

　13世紀ごろに教会に置かれたはじめての機械式時計は，1日で30分ほどもずれたといわれています。17世紀に振り子時計が発明されると，誤差は1日に10秒ほどになり，ようやく分や秒の単位が一般社会へ浸透していきました。

　1927年には，「クォーツ時計（水晶時計）」が開発されました。水晶の薄片に電圧をかけると，水晶は正確な周期でふるえます。クォーツ時計はこの性質を利用したもので，誤差は1か月に15秒ほどです。現在，一般的な時計の多くは，このしくみを利用しています。さらに1955年には，セシウム

原子と電波の振動を利用した「セシウム原子時計」が発明されました。3000万年に1秒程度しかくるわないため，この原子時計の刻む1秒が現在の1秒の基準になっています。現在は，誤差300億年に1秒という，さらに新しい方式の原子時計も開発されています。

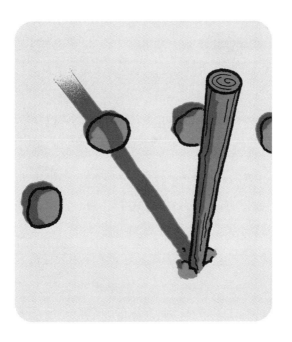

6 どちらが「過去」で, どちらが「未来」か

フィルムの再生方向を判断できない

ニュートン力学にも相対性理論にも説明できない, 大きな謎があります。 それは,「過去」と「未来」に関する謎です。次の例を考えてみましょう。

あなたは, 未知の惑星の公転運動を記録したフィルムを受け取ったとします。しかし, フィルムの再生方向を聞きそびれてしまいました。フィルムをある方向に再生すると右まわりに公転する惑星の映像が映しだされ, 逆まわしに再生すると惑星は左まわりになります。どちらの映像にも不自然さは見られません。このままでは, 惑星の公転がどっちまわりなのかを正しく判断することができないでしょう。

42

6 フィルムの再生方向

Aは未知の惑星の公転を，Bは地面で弾むボールを記録したフィルムです。AとBは，どちらの方向に再生しても不自然さがありません。これらの運動を支配するニュートン力学において，本来の向きとは逆向きの運動も許されるからです。

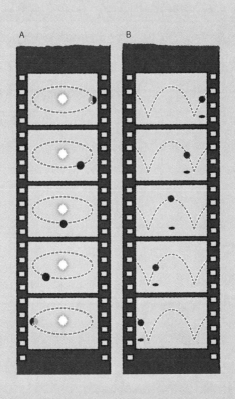

A　　　　　B

ニュートン力学は，
時間の向きを区別しない

　この現象は，惑星の公転運動を支配するニュートン力学が，時間の向きを区別しないためにおこります。**つまりニュートン力学は，時間のどちらが過去でどちらが未来なのかを，決めてくれないのです。**電磁気学※1，相対性理論，量子論※2などども同様で，いずれもまったく時間の向きを区別しません。では，いったいどんな物理法則が，時間の方向を決めているのでしょうか。

時間の方向を決めるなぞは，46ページから探っていくトキ。

※1：電磁気学は，電気と磁気を研究する学問です。
※2：量子論は，ミクロな世界の物理法則です。

memo

一度まぜたコーヒーとミルクは，分離しない

　私たちにとって，過去と未来を区別することは簡単です。 ミルクのまざっていないコーヒーとミルクのまざったコーヒーのどちらが過去かとたずねられれば，だれでも迷わず前者と答えるでしょう。一度まぜたコーヒーとミルクがふたたび分離しないことは，だれでも知っているからです。

　このような時間的に逆戻りできない過程を，「不可逆過程」といいます。

時間の一方向性は，
「時間の矢」とよばれる

私たちが過去と未来を区別でき，また，時間が過去から未来への一方通行であるように感じているのは，この不可逆過程が存在するためです。

イギリスの天体物理学者のアーサー・エディントン（1882 ～ 1944）は，このような時間の一方向性を「時間の矢」とよびました。

しかし，ニュートン力学にしても，相対性理論にしても，電磁気学や量子論にしても，時間には決まった向きなどないことになっています。ならば，いったいなぜ時間の矢があらわれるのでしょうか？

エディントンは，1919年に皆既日食がおきたとき，一般相対性理論が予言する光の曲がりを観測して，一般相対性理論の正しさを証明したことで知られるトキ。

7 時間の矢とは

コーヒーにミルクを入れてかきまわすと，A→Dのように変化します。この変化は，けっして逆向きに観察されることはありません。このような不可逆過程にあらわれる時間の一方向性を時間の矢とよびます。

A   B

過去

C

D

時間の矢

未来

49

物のちらばり具合が，時間の流れに関係している

ミルクの粒子の散らばりぐあいがちがう

時間の矢をもたらす物理法則の謎にいどんだ19世紀の物理学者が，ルートヴィッヒ・ボルツマン（1844 〜 1906）です。

もう一度，コーヒーとミルクがまざる例を考えましょう。ミルクのまざっていないコーヒーとミルクのまざったコーヒーの間には，コーヒーやミルクの粒子の個数に差はありません。ちがうのは，ミルクの「粒子の散らばりぐあい」だけです。ボルツマンは，この粒子の散らばりぐあいを，「エントロピー」という数値に置きかえてあらわすことを提案しました。

エントロピーが,
時間の矢の原因と考えた

　ボルツマンの定義では，粒子の配置がととの
っていればエントロピーは低い，粒子の配置が
散らばっていればエントロピーは高いと計算され
ます。コーヒーとミルクの例なら，まざっていな
い状態のエントロピーは低く，まざった状態の
エントロピーは高くなります。

**ボルツマンは，このエントロピーこそが，時間
の矢の原因ではないかと考えました。**

エントロピーを数式であらわす
と，$S = k \log W$となるぞ。別に覚
えておかなくてもかまわんぞ。

8 エントロピー

コーヒーにまざったミルクの粒子の配置を，6×6マスの盤で単純化してみましょう。ボルツマンは，その配置の数の大小をあらわす尺度として，エントロピーという概念を提案しました。

1. まざる前のミルクの配置

配置の数は，1通り→エントロピーは低い

まざる前のミルクは，6個の白いタイルのすべてが，6×6マスの盤の最上段に集中している状態に対応します。この状態になるような白いタイルの配置は，1通りしかありません。

2. まざった後のミルクの配置

配置の数は，720通り→エントロピーは高い

まざったあとのミルクは，6個の白いタイルが，
6×6マスの盤のあちらこちらに散らばっている
状態に対応します。白いタイルが縦横各列で重
複しないときを散らばっている状態とみなせば，
そうなる白いタイルの配置は720通りあります。

9 時間が経つほど，ものは散らばっていく

時間とともに，乱雑な状態になる

　時間の矢とエントロピーは，どのように関係するのでしょうか。テーブルに10枚のコインをすべて表向きに置き，テーブルをたたいてコインをランダムにひっくり返す実験をします。10枚すべてが表の状態から表裏5枚ずつへの変化は普通におきますが，その逆の変化はめったにおきません。つまり，ここには時間の矢があらわれます。

　この実験を，エントロピーで考えてみます。10枚すべてが表のコインは，秩序だった低エントロピー状態です。それが，時間とともに「表裏5枚ずつ」の乱雑な高エントロピー状態となります。この実験が示すように，エントロピーは，時間とともにふえていくのです。これを，「エント

ロピー増大の法則」といいます。

膨大な数の原子がかかわる現象は，不可逆になる

　コインの数を100枚，1万枚とふやしていくと，偶然すべてが表になることは，ほぼおきなくなります。このように，コインの数が多いほど，エントロピー増大の法則は，明らかになります。同様に，膨大な数の原子がかかわる現象は，ほぼ不可逆なものになり，その結果として時間の矢があらわれると，ボルツマンは結論したのです。

エントロピー増大の法則が，時間の矢の原因ってことなのね。

9 コインの実験

コインを表向きに置いたテーブルを何度もたたいて，コインの裏表の変化を観察します。1枚の場合,時間を逆回しにしても不自然ではなく，時間の矢はあらわれません。しかし，コインを10枚にすると，逆方向にながめると不自然になります。つまり時間の矢があらわれます。

1. コイン1枚の場合

時間の矢はあらわれない

低エントロピーから高エントロピーへの変化は，物がちゃんと整理されている部屋が，だんだんちらかっていくようなものだトキ。

2. コイン10枚の場合

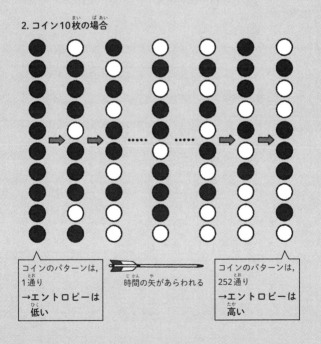

コインのパターンは,
1通り
→エントロピーは
低い

時間の矢があらわれる

コインのパターンは,
252通り
→エントロピーは
高い

耳が変になるのは，耳管のせい

　飛行機やエレベーターの中で，耳が変になった経験は，誰しもあるのではないでしょうか。この時，何がおきているのでしょうか。

　鼓膜は通常，しっかり振動できるようにピンと張っています。しかし気圧が変化すると，鼓膜の外側と内側に気圧の差が生まれ，鼓膜がふくらんだりへこんだりして聴こえづらくなります。これが耳の違和感の正体です。鼓膜の内側の空間と鼻の奥は，「耳管」という3.5センチメートルほどの管でつながっています。耳管が開くと鼓膜の外側と内側の気圧が同じになり，違和感はなくなります。ただ，耳管は通常閉じているため，このようなことがおきるのです。

鼓膜の外側と内側の気圧差を解消するには，つばを飲みこんだりあくびをしたりします。耳管のまわりの筋肉が収縮し，耳管が開きます。また，「耳抜き」でも気圧差を解消できます。耳抜きとは，鼻をつまんだまま鼻から息を吐くようにして，耳管から鼓膜の内側に空気を送る方法です。

時間に終わりがあるのか どうかは，わからない

遠い将来，宇宙に「熱的死」が 訪れる

　宇宙全体でも，エントロピー増大の法則がなりたっていると考えることができます。どこまでもエントロピーがふえると，宇宙はどうなるのでしょうか。

　極限までエントロピーがふえた宇宙の状態を，宇宙の「熱的死」といいます。熱的死をむかえた宇宙では，星もブラックホールもなく，原子すらもその構成要素である素粒子※へと分解されていきます。宇宙がこの先も膨張をつづけるならば，遠い遠い将来に熱的死が訪れると予想されています。

※：素粒子は，それ以上分割できないと考えられる，究極に小さい粒子です。

10 宇宙の熱的死

極限までエントロピーがふえた宇宙の状態を，宇宙の熱的死といいます。熱的死をむかえた宇宙には，もはや星もブラックホールもありません。原子すらもその構成要素である素粒子へと分解されています。

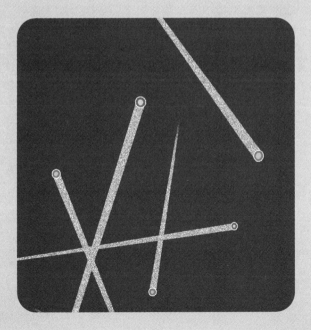

熱的死をむかえた宇宙でも，「時空」は存在する

　熱的死をむかえた宇宙では，目立った変化は何もおきません。はたして，このような世界では，もはや時間の矢は生じないのでしょうか？

　熱的死をもって，時間の終わりとする考え方もあります。ただし現在の物理学では，熱的死をむかえた宇宙であっても，そこに相対性理論でいうところの「時空」（時間と空間が一体となったもの）は存在するといえるようです。**すなわち宇宙が終わらないかぎり，時間も終わることはないと考えることができるようです。**

宇宙が熱的死を迎えるといっても，予想されているのは10の100乗年をこえるような，はるかな未来のことらしいぞ。

11 時間は，宇宙の誕生とともに生まれたのかもしれない

宇宙は時間とともに膨張している

　アリストテレスは，時間にはじまりはないと考えました。またアインシュタインも当初，宇宙は永遠の存在であると考え，そのはじまりを考えようとはしませんでした。しかしのちに，アインシュタインは考えを撤回しました。1929年，宇宙が時間とともに膨張していることが立証されたためです。

　宇宙が誕生直後から膨張しているなら，時間をさかのぼれば，宇宙のすべてはミクロの1点につめこまれることになります。この点が宇宙のはじまりだと考えられています。

時間と空間が一体となって，宇宙をつくっている

　相対性理論によれば，時間と空間が一体となっ
てこの宇宙をつくっていると考えます。そのた
め，この宇宙のはじまりは，同時に時間のはじ
まりでもあるとするのが，現在の標準的な宇宙
論の立場です。一方，宇宙が誕生する前にも時
間が流れていたとする仮説も提出されるなど，
現在でも時間のはじまりについて活発な研究が
つづいています。

宇宙がはじまる前は，何があ
ったのかしら？

11 宇宙のはじまり

宇宙膨張を過去にさかのぼると，ミクロの1点に行きつきます。この点が，宇宙のはじまりだと考えられています。現在の標準的な宇宙論では，宇宙のはじまりが，同時に時間のはじまりだと考えられています。

宇宙のはじまり

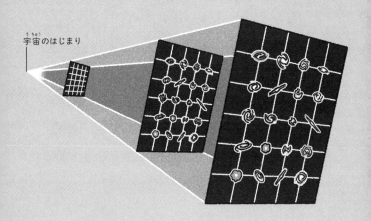

138億年の時間をさかのぼると，宇宙は1点に行きつくと考えられているトキ。

時間は，コマ送りなのかもしれない

時間は好きなだけ細かく分割できる

物質は，原子の集まりです。では，時間や空間はどうでしょうか。アリストテレスも，ニュートンも，そしてアインシュタインも，時間と空間はどちらも好きなだけ細かく分割できるものだと考えました。今日の標準的な物理学も，時間と空間はどちらも好きなだけ分割可能なもの，すなわち連続的なものだとみなしています。

時間はコマ送りのように流れるという理論

40年ほど前，湯川秀樹（1907〜1981）は，時間と空間にそれ以上分割できない最小の領域

（素領域）があるとする，「素領域論」を発表しました。この理論はあまり大きな発展がみられないまま，徐々に忘れられていきました。しかし今ふたたび，こうした理論が物理学の最前線でさかんに研究されています。カナダの物理学者のリー・スモーリン（1955～　）らが研究を進める，「ループ量子重力理論」です。この理論では，時間はなめらかに流れるのではなく，コマ送りのように流れると考えます。

　この第1章で見てきたように，時間の正体は，現在の物理学でも解き明かされていないのです。

いつか，時間の正体が判明する日が来るのだろうか？

12 時間の最小単位

「ループ量子重力理論」のあるモデルでは，時間にはそれ以上分割できない最小単位があると考えます。つまり，時間はコマ送りのように流れるといいます。時間がなめらかなものにしか感じられないのは，時間の最小単位があまりにも小さいためだからかもしれません。

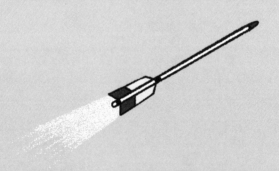

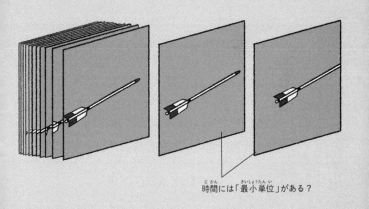

時間には「最小単位」がある？

42.195キロにかかる時間

　陸上競技の花形ともいえるマラソンは、近代オリンピックの誕生とともに生まれました。1896年の第1回アテネオリンピックでは、マラトン橋からアテネの競技場までの約40キロメートルを走りました。走行距離がはじめて42.195キロメートルとなったのは、1908年のロンドンオリンピックです。

　ロンドンオリンピックの男子マラソンの優勝記録は、2時間55分18秒でした。2020年3月現在、公認されている世界記録は、ケニア出身のエリウド・キプチョゲ選手が2019年9月16日にベルリンマラソンで記録した、2時間1分39秒です。約110年の間に、記録がおよそ3分の2に縮まった計算です。

　キプチョゲ選手は、2019年10月12日にオース

トリアのウィーンで行われた特別レースで，非公式ながら1時間59分40秒を記録しました。人類の限界ともいわれていた2時間の壁を突破したと，大きな話題になりました。これは，100メートルを17秒強で走る驚異的なペースです。

ボルツマンの不安

数学と物理学の教授として大きな功績を残し数々の名誉学位をもらったボルツマン

60歳の誕生日には弟子や友人たちが記念論文集を出版

しかしボルツマンは人から見捨てられる不安と常に戦っていた

シーン…

ライフワークとして気体分子運動論の確立をめざすも

原子の存在の実験的な証拠がなかったため周囲の無理解に苦しむ

$\frac{M}{m} + v$

？

やがて論敵との応酬に疲れ果てイタリアで保養中に家族の目を盗んで自殺した

あと数年生きていれば原子の存在が実験的に証明されていた

S = klogW

芸術を愛する男

ボルツマンは
芸術を
こよなく
愛していた

シラーの詩を
とくに好み
心の支えにしていた
という

幼少のころに
作曲家の
ブルックナーから
ピアノの手ほどきを
受け

生涯ピアノを
つづけた

家庭で音楽会を開く
ほどだった

聞いて
ください

さらに
家族がいつでも
観られるように

ウィーンの
大オペラ劇場の席を
常に予約していた

73

第2章

タイムトラベルを
科学する

過去や未来を行き来できるタイムトラベル
は，SFの世界の話だと思われるかもしれ
ません。しかし，実はタイムトラベルは，
物理学で真剣に議論されている分野なので
す。第2章では，タイムトラベルの科学を
みていきましょう。

物理学者たちは，真剣に タイムトラベルを考えてきた

未来へのタイムトラベルは， 理論的には可能

アインシュタインは1905年に「特殊相対性理論」を，1915 〜 1916年に「一般相対性理論」を発表しました。これらの理論によって，時間の流れは条件によって速くなったり遅くなったりしうることが明らかになりました。その後，一般相対性理論にもとづいて予言された「ブラックホール」を利用できれば，理論的には未来へのタイムトラベルが可能になることがわかりました。

過去へのタイムトラベルは，決着がついていない

　1949年，オーストリアの数学者のクルト・ゲーデル（1906〜1978）は，宇宙がもし回転していたら，出発した時点やそれ以前にもどることができることを明らかにしました。実際は，宇宙は回転していないようです。しかし条件しだいで，過去へのタイムトラベルが可能になることを指摘したという意味で，画期的でした。

　過去へのタイムトラベルは，歴史の改変にもつながるため，多くの物理学者はその可能性に否定的です。しかし，理論的には，決着がついていません。

タイムトラベルは荒唐無稽な話ではないのだな。

1 タイムトラベル研究史

タイムトラベルに関係する研究の歴史を，年表にまとめました。20世紀初頭以降，タイムトラベルの可能性は，学問として研究されてきました。

アインシュタインが
特殊相対性理論を発表
（80ページ）

ブラックホールが存在する
可能性につながる研究成果
（86ページ）

1905年	1915年〜1916年	1916年	1935年

アインシュタインが
一般相対性理論を発表

アインシュタインらが
「ワームホール」が存在
する可能性を指摘
（106ページ）

タイムトラベルは，科学の世界で，真剣に議論されてきたんだトキ。

ゲーデルが，宇宙が回転していたら過去へのタイムトラベルが可能になることを指摘

はくちょう座X-1という天体がブラックホールだと認められるようになる

| 1949年 | 1957年 | 1971年 | 1988年 |

エヴェレットが量子論の「多世界解釈」を提唱
（102ページ）

「ワームホール」を使うことで過去にタイムトラベルできる可能性をキップ・ソーンが指摘
（110ページ）

浦島太郎の物語も，
科学的に説明できる

　アインシュタインの特殊相対性理論は，光速に近い速度で進むほど，時間の流れが遅くなることを明らかにしました。

　『浦島太郎』の物語を知っているでしょう。仮に竜宮城が，光速に近い速度で飛ぶ宇宙船だったとします。竜宮城が光速の99.995%で飛んでいたとすると，竜宮城での3年間が地上での300年に相当する計算になり，物語の科学的説明がつきます。

2 未来へのタイムトラベルの例

ミューオンは，光速に近い速度で進むため，時間の流れが遅くなって寿命がのび，地上へと到達することができます。

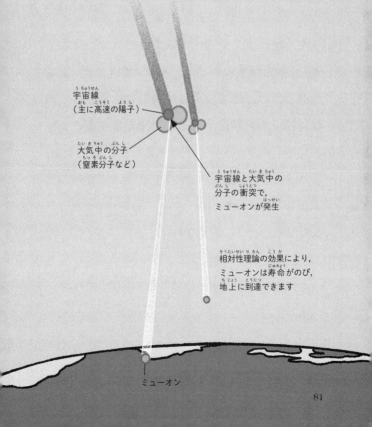

宇宙線
（主に高速の陽子）

大気中の分子
（窒素分子など）

宇宙線と大気中の
分子の衝突で，
ミューオンが発生

相対性理論の効果により，
ミューオンは寿命がのび，
地上に到達できます

ミューオン

素粒子の寿命ののびが，観測されている

　自然界でも，このような現象は実際におきています。宇宙からの放射線が大気にぶつかると，「ミューオン」という素粒子が発生します。ミューオンは本来，100万分の2秒ほどしか寿命がなく，地上まで到達することはできないはずです。しかし発生したミューオンは光速に近い速度で進むため，時間の流れが遅くなって寿命がのび，地上へと到達することができます。ミューオンは，未来へタイムトラベルしたといえます。また，電子などを光速近くまで加速する実験装置である「加速器」では，素粒子の寿命ののびが，当たり前のように観測されています。

3 光速をこえる粒子を使えば, 過去への通信が可能かも

物体は光速に達することも, こえることもできない

　光速に近づくほど, 時間が遅くなるのなら, 光速に達したらどうなるのでしょうか？　実は, 相対性理論によると, 光速に近づくほど物体は重くなっていき, 加速させることが困難になります。このため, 質量がゼロの光 (電磁波) のような例外をのぞき, 物体は光速に達することもこえることもできません。光速にかぎりなく近づけば, 時間の流れが止まる (＝無限の未来への旅) という状況に近づくものの, 時間の流れが完全に止まることはないのです。

超光速粒子が存在しても，状況は変わらない

　仮に光速よりも速く運動する「超光速粒子」が実在した場合，特殊な状況設定をすれば，それを通信の道具として使い，過去への通信が原理的に可能になるという指摘もあります。しかし超光速粒子は，原子をつくる素粒子とはちがうものです。つまり，仮に超光速粒子が実在しても，人間や宇宙船が超光速で進めないことは変わらないのです。また，過去への通信についても，否定的な考えが少なくありません。

超光速という現象については，まだまだわからないことだらけなんだぞ。

3 光速に近づくほど重くなる

イラストは，光速に近い速度で運動する電子の質量が増大し，同時に時間の進み方が遅くなっていくようすを示したものです。時計の表示は，静止した状態で60秒が経過した時点での比較です。

静止した電子にとっての
時間の流れ（60秒が経過）

00:00　00:60　静止した電子

光速の86.6%で進む電子にとっての
時間の流れは静止時の50%（30秒が経過）

00:00　00:30

光速の86.6%で
進む電子

質量：静止時の2倍

光速の96.8%で進む電子にとっての
時間の流れは静止時の25%（15秒が経過）

00:00　00:15

光速の96.8%で
進む電子

質量：静止時の4倍

光速の98.0%で進む電子にとっての
時間の流れは静止時の20%（12秒が経過）

00:00　00:12

光速の98.0%で
進む電子

質量：静止時の5倍

光にとっての
時間は止まっている

00:00　00:00

光（光速は秒速
29万9792.458km）

質量：ゼロ

光速の壁↓物体の速度はこの壁をこえることはできない

85

ブラックホールを使った未来旅行

極端な時間の遅れをもたらすブラックホール

アインシュタインの一般相対性理論は，重力の強い天体のそばほど時間の流れが遅くなることを明らかにしました。たとえば太陽の表面では，1年あたり地球よりも約1分，時間が遅れます。宇宙には，もっと極端な時間の遅れをもたらす天体が存在します。その代表は，巨大な重力をもつ「ブラックホール」です。ブラックホールに近づくほど時間の進み方は遅くなり，ブラックホールの表面（事象の地平面）では，何と時間の流れが完全に止まってしまいます。

4 ブラックホールで未来旅行

ブラックホールのそばでは時間の流れが遅くなります。そのためブラックホールのそばにしばらく滞在し、地球にもどってくれば、未来へ行くことができます。

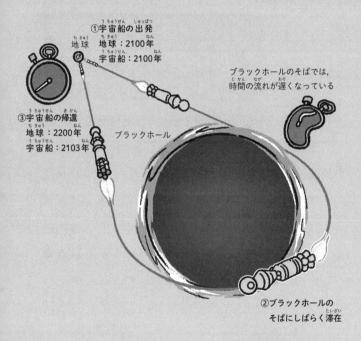

①宇宙船の出発
地球　地球：2100年
宇宙船：2100年

③宇宙船の帰還
地球：2200年
宇宙船：2103年

ブラックホール

ブラックホールのそばでは、時間の流れが遅くなっている

②ブラックホールのそばにしばらく滞在

3年間の宇宙旅行の間に、地球では100年間がたっているのね。

宇宙船の人にとっては，
3年しか経過していない

　宇宙船で，ブラックホールのそばまで行くことを考えてみましょう。ブラックホールのそばまで来たら，ブラックホールを周回するなどしてしばらくそこに滞在してから，地球へと帰還します。すると，地球では100年が経過しているのに，宇宙船の中の人にとっては3年しか経過していないといった状況（97年未来へのタイムトラベル）がつくりだせます。ブラックホールは，私たちの住む「天の川銀河（銀河系）」の中だけでも，数百万個あると考えられています。遠い将来には，それらを利用できるかもしれません。

5 とてつもなく重い球状のタイムマシン

木星の全物質を使って，球状の殻をつくる

タイムトラベルの可能性を理論的に研究してきたアメリカの物理学者のリチャード・ゴット（1947～　）は，木星をタイムマシンの材料として使うことを提案しています。

まず，タイムトラベルしたい人の周囲に，木星の全物質を使って，木星と同じくらいの大きさの球状の殻をつくります。その後，何らかの方法で殻を圧縮し，直径を6メートル程度にすれば，超高密度な球状の殻でできた，未来へのタイムマシンの完成です。

殻の内部では，
時間の進み方が遅くなる

　完全に対称な球状の殻の内部は，重力が打ち消しあうことによって，無重力になることが知られています。しかし外部から見れば，球状の殻は強い重力をおよぼす物体です。そのため殻の内部では，地球よりも時間の進み方が遅くなるのです。**この殻の内部で５年過ごせば，外部では20年が経過する計算になるそうです。**ただしこれを実現するには，現在の科学技術をはるかに凌駕するテクノロジーが必要なのは，まちがいないでしょう。

タイムマシンは理論的には可能でも，実現は難しそうだトキ。

5 球状のタイムマシン

超高密度な球状の殻を使った，未来へのタイムマシンです。殻の内部の空間では，重力が完全に打ち消しあって無重力になります。しかし，殻の外側を強い重力で囲まれているため，時間の流れが遅くなります。

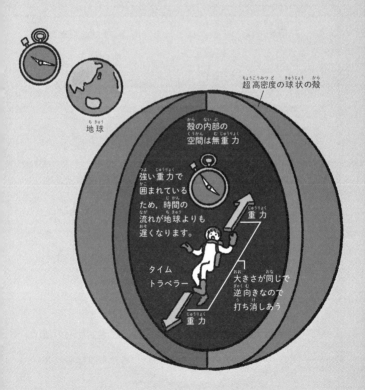

超高密度の球状の殻

地球

殻の内部の空間は無重力

強い重力で囲まれているため，時間の流れが地球よりも遅くなります。

重力

タイムトラベラー

大きさが同じで逆向きなので打ち消しあう

重力

高いところほど 時間が早く進む！

　一般相対性理論によると，時間の進み方は重力の強さによって早くなったり遅くなったりします。高い場所は，地上よりもわずかに重力が弱いため，地上よりも時間が早く進みます。それでは，東京スカイツリーの展望台でも，時間は早く進むのでしょうか。2019年，実際に東京スカイツリーで，時間の進みを計測する実験が行われました。

　東京スカイツリーの展望台での時間の進みのちがいは，ごくわずかです。そのため，非常に高い精度の時計が必要です。そこで実験に使われたのが，「光格子時計」です。この時計は，300億年で1秒も狂わないといいます。

　地上450メートルにある東京スカイツリーの展望台と地上のそれぞれに光格子時計を設置し，時

間の進みの差が計測されました。すると，展望台の時計は，地上よりも1日に10億分の4秒早く進んでいることが明らかになりました。東京スカイツリーでは実際に，地上よりも時間が早く進んでいるのです！

6

過去へ行くと,「タイムパラドックス」がおきる

過去の自分のタイムトラベルを阻止できるのか

　ここからは,過去へのタイムトラベルを考えます。最初に,過去にもどって歴史を変えることはできるのかを考えてみましょう。過去への行き来ができる,「タイムトンネル」があるとします。アリスがタイムトンネルに入り,過去にもどりました。そして過去の自分がタイムトンネルに入るのを阻止しようとします。さて,阻止できるでしょうか? 阻止できたとすると,アリスは過去にもどれないので,過去の自分のタイムトラベルを阻止できないことになります。阻止できたと仮定して阻止できないという結論になるので,矛盾です。

過去へもどれると、因果律が崩壊しかねない

　物理学を含むすべての科学の大前提に、「因果律」があります。因果律とは、あらゆる現象には時間的に先んじた原因があるというものです。アリスの例で見たように、過去へもどれると、結果（未来）が原因（過去）に影響をおよぼすことができることになり、因果律が崩壊しかねません。そのため多くの科学者は、過去へのタイムトラベルの可能性に、否定的な見方を示しているようです。

タイムトラベルによって生じる矛盾のことを、「タイムパラドックス」というぞ。

6 タイムトラベルの矛盾

このイラストは，過去にもどって自分が過去にもどることを阻止するという状況を表現したものです。阻止できたとすると，過去にもどれなくなるので，矛盾が生じます。

時間軸
（過去側）

2. 過去にもどる

未来から来た自分と会ったら，
パニックになりそう。

過去へのタイムトラベル

タイムトラベル
してきたアリス

今からタイムトラベル
しようとしているアリス

3. 過去の自分がタイムトンネルに
入ろうとするのを阻止できる
か？

タイムトンネルの入口

アリス

時間軸
（未来側）

1. タイムトンネルの入口に入る

97

7

歴史が変わらなければ，過去へ行けるのかも

途中で予想外に足止めをくらう

過去へもどっても，歴史は決して変えられないとすれば，矛盾を生じさせない状況を考えることはできます。

アリスはタイムトンネルに入って過去へもどり，何らかのトラブルに巻きこまれました。そこでアリスは，過去の自分がタイムトンネルに入るのを阻止しようと考えます。しかし途中で予想外に人に道をたずねられて，足止めをくらい，その間に過去のアリスはタイムトンネルに入ってしまいました。

歴史を変えられないのであれば，矛盾はない

　この例では，アリスは過去にもどっているものの，歴史を変えることには成功していません。このように，どうがんばっても歴史は変えられないのであれば，過去へのタイムトラベルをしても，矛盾は生じません。アリスが歴史を変えることに失敗することも，歴史におりこみずみというわけです。ただしそうだとすると，アリスは道をたずねてきた人を振り切るなど，みずからの判断で行動することができないことになってしまいそうです。

確かに矛盾はなくなるが，歴史を変えられないのは，ちょっとつまらん気がするな。

7 矛盾しないタイムトラベル

このイラストは，過去の自分のタイムトラベルを阻止しようとするものの，道をたずねられて失敗する例です。この場合，矛盾は生じません。

タイムトンネルの出口

アリス

時間軸
（過去側）

2. 過去にもどる

道案内をしている場合
じゃないトキ！

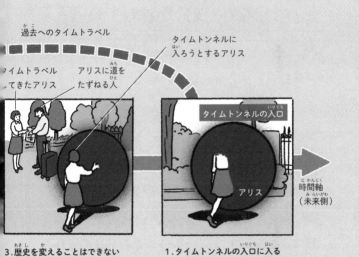

過去へのタイムトラベル

タイムトンネルに
入ろうとするアリス

タイムトラベル
してきたアリス

アリスに道を
たずねる人

タイムトンネルの入口

アリス

時間軸
（未来側）

3. 歴史を変えることはできない

1. タイムトンネルの入口に入る

過去で歴史を変えると，別の世界に行くのかもしれない

世界が無数に枝分かれしていると考える

　過去にタイムトラベルしても，矛盾を生じさせない別の考え方もあります。アメリカの物理学者のヒュー・エヴェレット（1930 〜 1982）が提唱した，「多世界解釈」によるものです。多世界解釈では，世界は無数に枝分かれしており，複数の別の世界（パラレルワールド）が実在すると考えます。宇宙は誕生直後から分岐をくりかえし，天体が生まれていない宇宙やブラックホールだらけの宇宙，私たちの宇宙に似た宇宙など，無数の世界が存在することになります。

8 多世界解釈で矛盾解消

アリスが，過去の自分がタイムトラベルしようとするのを阻止したとします。このとき，元の未来とは別の歴史の世界に移ると考えると，矛盾は生じません。

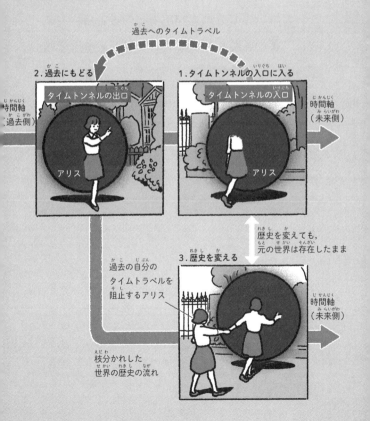

過去へのタイムトラベル

2. 過去にもどる

時間軸
（過去側）

タイムトンネルの出口

アリス

1. タイムトンネルの入口に入る

タイムトンネルの入口

アリス

時間軸
（未来側）

歴史を変えても，
元の世界は存在したまま

3. 歴史を変える

過去の自分の
タイムトラベルを
阻止するアリス

時間軸
（未来側）

枝分かれした
世界の歴史の流れ

タイムトラベラーは，
別の歴史の世界に移る

　イギリスの物理学者のデイヴィッド・ドイッチュ（1953 〜　）は，多世界解釈を認めれば，過去への旅で生じる矛盾が解消できると指摘しました。多世界解釈によると，タイムトラベラーが過去にもどって歴史を変えた場合，タイムトラベラーは元の未来とは別の歴史の世界に移ります。タイムトラベラーが過去の歴史を変えても，元の未来は依然として存在するので，矛盾は生じないと考えるのです。

パラレルワールドって，つくり話だと思っていたけど，ちゃんとした理論なのね。

memo

9

過去への旅行を可能にする「ワームホール」

ワームホールは，時空のトンネル

　ここからは，過去へのタイムトラベルを可能にするかもしれない方法について，解説していきます。

　アメリカの物理学者のキップ・ソーン（1940～　）が1988年に発表した論文によると，「ワームホール」を使えば，理論的には過去へのタイムトラベルが可能になるかもしれないといいます。

　ワームホールは，「時空のトンネル」ともよばれます。これは，漫画『ドラえもん』に登場する，「どこでもドア」に似ています。どこでもドアを開けると，そこは遠くはなれた場所に通じており，一瞬のうちにどこへでも行けてしまいます。

二つの穴が空間を飛びこえて，くっついている

　ワームホールは，はなれて存在する，空間に浮いた球状の二つの穴といえます。宇宙船がワームホールの出入り口（マウスといいます）の片方に入ると，次の瞬間，宇宙船はもう一方の出入り口から出てきます。二つの穴が空間を飛びこえて，くっついているのです。110 〜 111ページでは，このワームホールをタイムマシンにする方法を紹介しましょう。

ワームホールとは「虫食い穴」という意味だぞ。

9 ワームホールで宇宙旅行

地球と恒星ベガのそばに,ワームホールの出入口(マウス)が
あった場合をえがきました。1は3次元空間のイメージで,2は
空間の曲がり(ワームホールの構造)を視覚化したものです。
地球から直接ベガに行く宇宙船Xよりも,ワームホールを使
う宇宙船Yの方が,早くつきます。

1. 通常の3次元空間で見たイメージ

マウスAに入ると瞬時に
マウスBから出てきます。

ワームホール
の出入口A
(マウスA)

まっすぐに恒星ベガに向かう
と,ほぼ光速で進んでも地球の
時間で25年以上かかります。
ワームホールを使えば,瞬時に
ベガのそばまで移動できます。

宇宙船Y　地球　　　　宇宙船X　　　　　　　　　宇宙船Y

恒星ベガ
(地球から25光年)

ワームホール
の出入口B
(マウスB)

2. 空間の曲がりを視覚化したイメージ

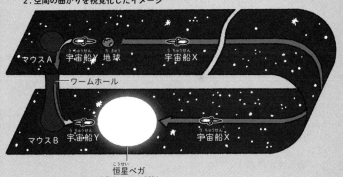

10 二つのワームホールを使えば，タイムマシンが実現する

片方の出入り口を，光速に近い速度で動かす

　ワームホールの二つの出入り口であるマウスA
とマウスBが，2100年に地球のそばにあるとし
ます。マウスAはその場にとどめ，マウスBを何
らかの方法で，光速に近い速度で動かし，最終
的に地球のそばにもどします。光速に近い速度
で運動すると，時間の流れが遅くなるので，「地
球やマウスAでは100年が経過したのにマウス
Bでは3年しか経過していない」といった状況を
つくれます。

ワームホールを通して見ると，時間差は生じていない

　一方，ワームホールを通して見ると，マウスA とマウスBはくっついているので，時間の差は 生じません。ワームホールの外から見ると97年 もの時間差が生じ，ワームホールを通して見る と時間差が生じていないという状況が生じます。 ここで，2200年の地球から出発した宇宙船が マウスBに飛びこむと，宇宙船は2103年の地球 のそばのマウスAに出てきます。これは，まさに 過去へのタイムトラベルです。

ワームホールは実在するのか， まだわかっていないんだトキ。

10 ワームホールで時間旅行

ワームホールの二つのマウスのうち，一方を高速で動かすと，相対性理論の効果で，外から見ると時間差が生じます。これを利用すれば，タイムトラベルが実現します（①～⑤）。

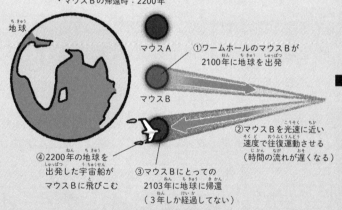

ワームホールのマウスAと地球にとっての時刻
・マウスBの出発時：2100年
・マウスBの帰還時：2200年

地球

マウスA

マウスB

①ワームホールのマウスBが2100年に地球を出発

②マウスBを光速に近い速度で往復運動させる（時間の流れが遅くなる）

④2200年の地球を出発した宇宙船がマウスBに飛びこむ

③マウスBにとっての2103年に地球に帰還（3年しか経過してない）

112

⑤宇宙船は2103年の
マウスAから出てくる！
（97年過去へのタイムトラベル）

この時点（地球での2103年）で
マウスBは，往復運動中であり，
ここにはありません。

11 宇宙にある時空のゆがみを，タイムトラベルに利用できる

「宇宙ひも」が，過去への扉を開く

1991年には，リチャード・ゴットが，「宇宙ひも」という物体を利用したタイムトラベル理論を発表しました。

宇宙ひもは，幅が原子核よりも小さいひも状の物体で，質量は1センチメートルあたり10^{16}トンにも達します。無限の長さをもつか，閉じたループとなって，亜光速（光速に近い速度）で宇宙をただよういといます。実は宇宙ひもは，私たちがよく知っている原子でできた物体ではなく，ある種のエネルギーのかたまりです。宇宙ひもはその強い重力で，周囲の時空をゆがませます。この時空のゆがみが，過去へのタイムトラベルの扉を開くのです。

114

11 宇宙ひもでタイムトラベル

2本の宇宙ひもが亜光速ですれちがうように運動している時空では，時空の一部が切り取られます。その結果，まっすぐ進むよりも，宇宙ひもAの近くを通って惑星Xに向かう方が距離が短くなり，まっすぐ進む光よりも速く惑星Xに到達することが可能になります。見かけ上の超光速であり，過去へのタイムトラベルが可能となります。

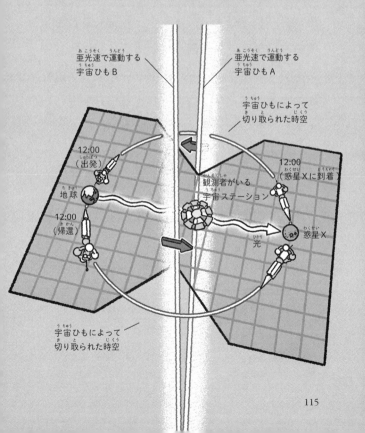

亜光速で運動する
宇宙ひもB

亜光速で運動する
宇宙ひもA

宇宙ひもによって
切り取られた時空

12:00
（出発）

地球

観測者がいる
宇宙ステーション

12:00
（惑星Xに到着）

12:00
（帰還）

惑星X

光

宇宙ひもによって
切り取られた時空

宇宙ひもをつかまえて 制御することは困難

ただし，宇宙ひもが実在するかどうかは，まだわかっていません。もし宇宙ひもが存在したとしても，亜光速で飛ぶ宇宙ひもをつかまえて，思い通りに運動を制御することは，未来の超文明をもってしても困難をきわめるでしょう。一方，こうしたタイムトラベルの研究は，宇宙の時空構造についての深い理解につながるといいます。

タイムトラベルの理論って，色々あって面白い！

memo

時間を止めることはできないの？

宿題が終わらなくて、もう時間を止めたいです……。

時間を止める方法は、なくはないぞ。重力が強い場所では、弱い場所よりも時間の進み方が遅くなる。強大な重力をもつ、ブラックホールを使えばいいんじゃ。

どういうことですか？

時計を持って、ブラックホールの表面に近づくとしよう。わしが十分はなれたところからきみの時計を見ていたすると、きみの時計はどんどん遅くなっていき、ブラックホールの表面に到達すると完全に止まってしまう。

じゃあ、時間を止めることはできるんですね！

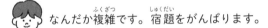 しかし時間の進み方は，当事者にとっては不変なのじゃ。わしから見ればきみの時計は止まっておるが，きみから見ればきみの時計はいつも通り動いているんじゃ。

なんだか複雑です。宿題をがんばります。

119

ホイーラーの先見の明

ワームホールの名づけ親であるジョン・ホイーラー

デンマークの物理学者で量子論の創始者であるニールス・ボーア（1885〜1962）の弟子でありアインシュタインの友人でもあった

アインシュタイン　ボーア

ホイーラーは相対性理論や量子重力理論などで大きな成果を上げた

また優秀な物理学者を数多く育てた教育者でもあった

ソーン　ファインマン

どんな学生にも分けへだてなく接した

弟子の主張が自分と対立しても決して止めなかった

弟子の一人であるドイッチュはこう語る

「ホイーラーは次世代の物理学に何が重要かを見抜くたぐいまれな勘をもっていた」

120

とにかく鳴り物が好き

ホイーラーは鳴り物好きで有名だった

学生が成果を出すと大学の廊下で盛大に爆竹を鳴らして祝った

「この授業で新しい発見が生まれたら花火をしよう」といって教室で花火をつけたこともあった

その子供のような一面も、弟子たちに慕われた理由だったのかもしれない

第3章

心の時計,
体の時計

「楽しいとあっという間に時間がたつ」「子供のときより時間が短く感じる」といった経験はだれしもあるでしょう。また，私たちは夜になると，自然に眠くなります。私たちの心や体は，どうやって時間をはかっているのでしょうか。第3章では，心の時計と体の時計についてみていきましょう。

楽しい時間は、あっという間

時間経過に注意を向けると、時間が長く感じられる

「楽しいときは短く、つまらないときは長く感じる」とよくいわれます。心理学の実験では、時計を見るなど、時間経過に注意を向ける機会が多いほど、長く感じられる傾向があることがわかっています。逆に、楽しいとき、つまり時間経過に注意が向きにくいときほど、経過は短く感じられます。

嫌いな科目の授業は、退屈で長く感じるね……。

1 落下中の体感時間

命綱などをつけずに，背中から31メートル下のネットまで落下する実験を行いました。その結果，他人の落下時間にくらべて，自分の落下時間は長く評価されることがわかりました。

1. 他人の落下時間を評価
実験の参加者が他人の落下を見て落下時間を評価したところ，その平均値は2.17秒でした。なお，時計ではかった実際の時間は，2.49秒でした。

2. 自分の落下時間を評価
参加者が自身でもアトラクションを体験し，落下後に自分の落下時間を評価したところ，その平均値は2.96秒でした。

2.17

2.96

他人の落下より，
自分の落下は長く感じる

体感時間は，ほかにもさまざまな要因で，長くも短くもなります。たとえば，恐怖を感じた場合，時間を長く感じます。恐怖を感じると，視覚の情報処理が速くなる（スローモーションに見える）とともに，心の時計の進みも速くなって，実際の時間に対してズレが生じるからだと考えられています。

　この現象を確かめるため，落下するアトラクションを体験し，落下時間がどれくらいの長さだと感じたかを調べた実験があります。その結果，他人の落下をながめて評価した時間より，自分の落下時間は約36%長く評価されました（参加者19人の平均）。

2 新しい体験が少なくなると，時間は短くなる

出来事の数から，時間の長さを推定している

「大人になると1年が短く感じられる」という現象は，多くの人が実感していることでしょう。心の時計が，実時間の経過に対して遅くなると，「もうそんなに経ったの？」と時間は短く感じられます。心の時計を遅くする要素は，心理学の実験でいくつか確認されています。たとえば，新しい出来事を体験しにくくなったり，日常の細部に注意を向けなくなったりすると，時間は短く感じられるといいます。これは，ある期間中に体験した出来事の数を手がかりに，時間の長さを推定しているからだと考えられています。

体の代謝と心の時計は，対応している

　また，目覚めて間もないときのように，体の代謝（生命維持のために体内でおきるさまざまな化学反応）が活発でない場合，時間は短く感じられます。体の代謝と心の時計の針の進みは対応していると考えられているからです。つまり，大人は日々に慣れて新たに体験する出来事の数が減るうえ，子供より代謝も落ちているので，１年が短く感じられると考えられるのです。

同じ30分でも，子供の体感時間はより長く，大人はより短いようだぞ。

2 大人と子供の体感時間

多くの大人は，似た体験をくりかえします。一方で
子供は，新しい出来事を体験したり，細部に注意を
向けたりしやすいといえます。これが，体感時間に
影響していると考えられています。

大人は，同じことを
くりかえすことが多いです

子供は新しい経験を積み，
細部に注意します

129

3 脳には，いくつもの心の時計がある

脳の神経細胞は，時間経過とともに活動が高まる

「あとどれくらいで赤信号になるか」など，私たちは日常的に時間を予測しています。どうやって時間をはかっているのでしょうか？

脳の「視床」や「大脳」などの神経細胞は，時間経過とともに活動が高まることがあります。その活動によって，時間経過をはかっているのではないかと考えられています。十数秒程度までの時間感覚をになっているのは，大脳新皮質と小脳をつなぐ神経回路や，大脳新皮質と大脳基底核をつなぐ神経回路だという説が有力です。

130

過去の時間の長さは，記憶によって変わる

「あの書類を仕上げるのに，どれくらいの時間がかかったか」などと思い出すこともあるでしょう。過去の時間の長さは，体験した時点で感じた長さとは必ずしも一致せず，記憶に残る出来事の量などによって変化します。

このように，心の時計のしくみはただ一つではありません。1秒，1時間，1日，1年といったように，とらえようとする時間の長さによって，ことなるメカニズムがはたらくと考えられています。

時間の感覚をになう脳のくわしいメカニズムは，まだわかっていないんだトキ。

3 脳にそなわる2種類の時計

1に示したのは，秒単位までの短めの時間感覚に関係するとされる領域や部位です。2に示したのは，数分や数時間，数日というやや長めの時間感覚にかかわるとされる領域です。

1. 心のストップウォッチ

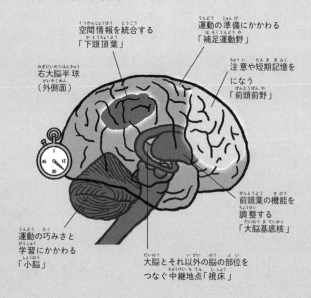

空間情報を統合する
「下頭頂葉」

運動の準備にかかわる
「補足運動野」

右大脳半球
（外側面）

注意や短期記憶を
になう
「前頭前野」

前頭葉の機能を
調整する
「大脳基底核」

運動の巧みさと
学習にかかわる
「小脳」

大脳とそれ以外の脳の部位を
つなぐ中継地点「視床」

132

2. 心の日めくりカレンダー

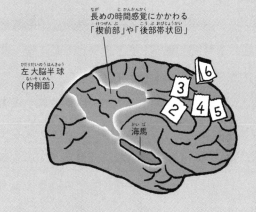

長めの時間感覚にかかわる
「楔前部」や「後部帯状回」

左大脳半球
（内側面）

海馬

時間のテンポは, 動物によってちがうようだ

ゾウはネズミの約18倍も生理的な時間が長い

　動物たちは, 時間をどのように感じているのでしょうか。心臓の鼓動間隔や寿命など, 動物の「生理的な時間」は, 体重が重いほど長くなります(体重の約4分の1乗に比例)。

　たとえばネズミの心臓は, ゾウとくらべて, とてもすばやくドクドクと拍動しています。ゾウはネズミの約18倍も生理的な時間が長く, ある意味ゆったりとした時間の中を生きているといえます。

4 動物の生理的な時間

下のグラフは，体重と，体重1キログラムあたりの
エネルギー消費量の関係です。動物は，体重が重
いほど，生理的な時間がゆっくりになっていくこと
が知られています。体重1キログラムあたりのエネ
ルギー消費量が，動物の生理的な時間を決めるので
はないかと考えられています。

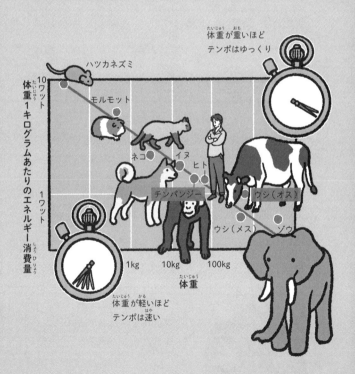

体重が重いほど
テンポはゆっくり

ハツカネズミ

10ワット

体重1キログラムあたりのエネルギー消費量

モルモット

ネコ　イヌ　ヒト

1ワット

チンパンジー　ウシ（オス）

ウシ（メス）　ゾウ

1kg　10kg　100kg

体重

体重が軽いほど
テンポは速い

エネルギー消費が，生理的な時間を決めるのか

　生理的な時間は，エネルギー消費と関係しているという考えもあります。動物の体重がふえるにしたがって，体重1キログラムあたりのエネルギー消費量は減っていきます（体重の約4分の1乗に反比例）。ここから，エネルギー消費がはげしい動物ほど，生理的な時間が短くなるといえるようです。

ゾウはネズミにくらべて，エネルギー効率が高い「省エネ動物」といえるな。

5 私たちが感じる今は，過去のこと

五感の情報を認識するまでに，必ず時間がかかる

「今」，あなたはこの文を読みはじめました。しかし，実はあなたが意識する今は，わずかに過去の出来事です。あなたが思うよりも0.1秒以上早く，あなたの眼はこの文を読みはじめたはずなのです。

このようなことがおきるのは，私たちが五感の情報を認識するまでに，必ず時間がかかるためです。五感の刺激は神経細胞を通じて脳に送られ，脳でさまざまな情報処理をへた後，あなたの意識にのぼります。たとえば視覚の情報が認識されるまでには，環境にもよるものの，約0.1秒かかります。

私たちの意識は，先に進むほんとうの現在の

自分を，つねに追いかけているのです。

意識は会議結果の「記録係」に
すぎない

　私たちは，自分の意識の上で物事を決め，実行していると考えています。しかし，実はそうではないらしいことがわかってきています。**脳内を膨大な情報が行きかい，さまざまな判断が行われたあと，その結果のごく一部があとから意識に知らされているにすぎないのです。**

　意識はむしろ，会議結果の記録係のような存在なのかもしれません。

意識が物事を決めているわけではないんだトキ。

5 脳の情報処理と今

脳内で五感の情報を処理するのに時間がかかるため，目の前の光景として認識されている今は，実は少しだけ過去のできごとです。たとえば，あなたが文を読みはじめたとき，あなたが意識するよりも0.1秒以上早く，眼は文を読みはじめています。

意識にのぼる光景は，すべて少しだけ過去のものなのね。

6

脳は，光と音のズレを うまく補正している

認識にかかる時間は， 光と音でことなる

　私たちが何かを認識するのにかかる時間は，光，音，触覚などで，すべてことなります。たとえば，目の前で同時に光と音が生じたとき，光には0.17秒後に，音には0.13秒後に反応したという実験結果があります。ただし，同じ出来事に由来する音と光の場合は，同時として感じられやすくなります。これは，ことなるタイミングで得られた二つの情報であっても，脳が同じ出来事ととらえるからです。そして，ちょうど映画に吹きかえの声や効果音をあてるようにして，光と音のタイミングが合わせられた編集済み映像が，私たちの意識にのぼるのです。

脳は環境に応じて，
何秒ずらすかを調整している

光や音を認識するのにかかる時間は，環境によって変わります。 そのため脳は，どれだけずらすかをつねに調整しつづけています。

たとえば暗い環境では，明るい環境よりも，光の変化を認識するまでに時間がかかります。そこで脳は，夜に生じた光と音について，昼よりも大きくずらすことで，タイミングのずれを修正しているのです。

脳って優秀な働きものね！

6 光と音の編集作業

イラストは，目の前で光と音が同時に生じたときに，脳がどのように認識するかをあらわしたものです。光や音は，脳でずれて認識されるものの，脳が編集を行うことで，同時に感じられます。

明るい環境

光

音

時間

同時！

おーい

明るい環境では，明るい光の情報が，小さな声の情報よりも先に認識されます。脳では，ことなるタイミングで認識された光と音の情報を結びつけて，同時とみなしています。

暗い環境

光

音

時間

おーい

同時！

暗い環境では，小さな声の情報が，暗い光の情報よりも先に認識されます。しかしこの場合も，同時に感じられます。脳では，環境が変わるたびに，何秒ずらして同時とみなすかの微調整が行われているためです。

動物たちの睡眠時間

　動物は，どのくらいの時間を睡眠に費やしているのでしょうか。ワシントン大学の研究調査によると，肉食動物の睡眠時間は長く，トラは1日に約16時間，ライオンは約14時間も眠るそうです。一方，草食動物の睡眠時間は短く，ゾウは約4時間，馬は約3時間，キリンは約2時間しか眠りません。

　草食動物の睡眠時間が短い理由は，食事に多くの時間を費やしているためだと考えられています。草食動物は，カロリーや栄養価の低い草を，時間をかけてたくさん食べる必要があるのです。また，睡眠時間を短くすることで，肉食動物に襲われる危険をさけるという理由もあるようです。

　睡眠時間のとくに長い動物に，ナマケモノがいます。基本的に草食であるにもかかわらず，1日に

20時間も眠るといわれています。哺乳類の中では，最長の睡眠時間です。1日に葉っぱを数枚だけしか食べないので，ほとんど動かないことで，エネルギーの消費をおさえているのです。ナマケモノは胃に食べ物があるのに，消化に時間がかかりすぎて，餓死することもあるそうです。

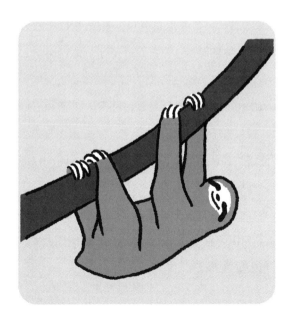

私たちは，体内時計に支配されている

体内時計とは，1日のリズムを生みだすしくみ

　私たちは，夜になると自然と眠くなり，朝になると目が覚めます。これは，私たちにそなわっている「体内時計」のおかげです。体内時計とは，1日のリズムを生みだすしくみのことです。

　私たちの体は，陽が上ると目覚めて活動をはじめ，夜になると眠くなります。また，1日のうちに体温や血圧がゆっくり増減します。時間に応じて，睡眠または覚醒をうながすホルモンが分泌されるなどの変化もおきます。これらのさまざまな体の変化を裏で支配しているリズムが，体内時計だといえます。

7 体内時計に支配されている体

私たちの体の中で，約24時間の周期で変化している三つの要素をグラフで示しました。三つの要素とは，「深部の体温」と，覚醒に関係する「コルチゾール」というホルモンの血中濃度，眠りに誘う「メラトニン」というホルモンの血中濃度です。

■：深部の体温
■：コルチゾールの血中濃度
■：メラトニンの血中濃度

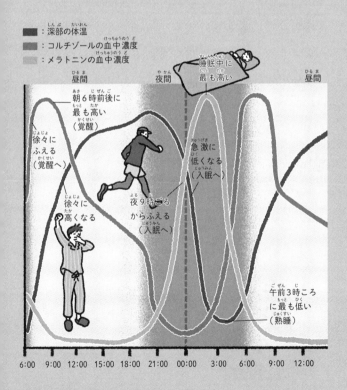

睡眠中に最も高い

昼間　夜間　昼間

朝6時前後に最も高い（覚醒）

徐々にふえる（覚醒へ）

徐々に高くなる

急激に低くなる（入眠へ）

夜9時ごろからふえる（入眠へ）

午前3時ころに最も低い（熟睡）

6:00　9:00　12:00　15:00　18:00　21:00　00:00　3:00　6:00　9:00　12:00

体内時計の周期が，
長い人も短い人もいる

ヒトの体内時計の周期は，平均で約24時間12分だとされています。また，周期の長さには遺伝的な個人差があります。つまり，周期が24時間より長い人も短い人もいるのです。いずれにしても，地球の自転周期である1日とおおよそ連動しています。

体内時計の周期の長さは，人によって20分前後こと
なるらしいぞ。

8

夜のスマホは，体内時計をくるわせる

脳には，全身の時計あわせを行う時計がある

体内時計は，全身の細胞それぞれにあります。

各細胞にそなわった体内時計を「末梢時計」といいます。末梢時計のはたらきによって，臓器や組織ごとに必要なリズムが保たれているのです。これに対して，両目の奥にある脳の部位には，全身の末梢時計の時刻あわせを行う「中枢時計」があります。

夜にスマホを見ると，体内時計が遅れる

体内時計の周期は，実に強固です。しかし現代の私たちの生活では，目から入る光の刺激に

149

よって中枢時計がずれることがあります。

　おおまかにいって朝6時から午後3時ごろまでの光の刺激は時計を最大2時間ほど進め，午後3時〜朝6時ごろまでの光の刺激は時計を最大2時間ほど遅らせます。とくに，スマートフォンの画面などの光に含まれる，波長460ナノメートル前後の青色光の影響が大きいとされています。眼から脳へ情報を送る視神経の細胞の一部に，青色光に反応しやすい分子があるためです。夜にスマホを見ることは，体内時計の遅れにつながります。そして，こうした体内時計の乱れは，体の不調をもたらすこともあります。

夜，寝る前にスマホを見るのは，やめたほうがいいのね。

8 脳にある中枢時計

両目の視神経が交差する位置の少し上にある「視交叉上核」に，「中枢時計」があります。ヒトの片側の視交叉上核には，万単位の細胞があると推計されています。中枢時計は，昼に脳の神経活動を上昇させ，夜に低下させます。

視交叉上核（中枢時計）

視神経

スマホの画面
夜に見つづけると，中枢時計を遅らせてしまいます。

9

時差ぼけは，
体内時計のズレが原因

時差ぼけは，体内時計と
外部環境のずれでおきる

　「時差ぼけ」にも，体内時計が大きく関係しています。

　体を活動状態にする「コルチゾール」というホルモンの分泌量は，24時間周期のリズムで増減します。日本との時差がマイナス9時間のイギリスへ行ったとしましょう。重要なのは，コルチゾールが分泌されるタイミングは，日本にいるときと同じであるということです。コルチゾールの分泌量は，日本時間の午前4時に最大になります。しかしイギリスの現地時間では，午後7時です。体の中が活動に向けて準備をしてしまうため，深夜に目が覚めやすくなります。また，逆に昼間に眠くなりやすくなります。**時差ぼけは，**

体内時計の時刻と，外部環境の時刻がずれたときにおきるのです。

体内時計は，光でリセットできる

　もちろん，いつまでも時差ぼけがつづくわけではありません。体内時計と外部環境のリズムのずれは，光や食事時間でリセットできます。時差ぼけの解消法として，眠くても朝日を浴びるとよいといわれているのは，そうした理由です。体内時計は，柔軟に調節されるのです。

時差ぼけは2週間ぐらいでじゅうぶんに治るそうだトキ。

9 時差ぼけがおきるしくみ

グラフは，体全体を活動的にする機能をもつホルモンである，
「コルチゾール」の分泌量の変化をえがいています。日本から
イギリスに行くと，時差がマイナス9時間あるため，イギリス
時間で午後7時ごろにコルチゾールの分泌量が最大となりま
す。そのため，夜中に目が覚めやすくなります。

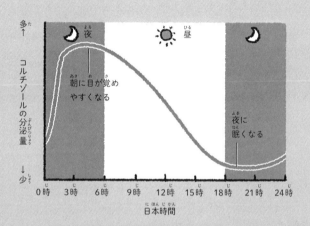

多
↑

コルチゾールの分泌量

↓
少

夜

朝に目が覚め
やすくなる

昼

夜に
眠くなる

0時　3時　6時　9時　12時　15時　18時　21時　24時

日本時間

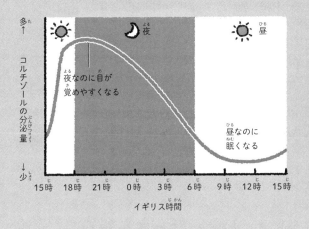

多←
コルチゾールの分泌量
↓少

夜なのに目が
覚めやすくなる

昼なのに
眠くなる

夜

昼

15時　18時　21時　0時　3時　6時　9時　12時　15時

イギリス時間

155

10

体内時計に合わせて，抗がん剤を投与

薬の効果が，最大限に発揮される時刻に投与

　体内時計によって，体内のさまざまな物質が24時間周期で増減しています。これを利用して，薬の効果が最大限に発揮されるように，薬の投与時刻を調節する方法が注目されています。この方法は，「時間治療」とよばれます。時間治療を活用している例の一つに，大腸がんが肝臓に転移した「大腸がん肝転移」の治療があります。

抗がん剤を分解する物質が，体内時計で増減

　大腸がん肝転移の一般的な治療法は，肝臓の切除手術です。しかし腫瘍が大きく，そのまま

では手術できない場合，まず抗がん剤で腫瘍を小さくする治療が行われます。

　ヒトの細胞は，抗がん剤を分解したり，細胞内に取りこんだりするための物質をもっています。これらの物質は，体内時計によって，存在する量が24時間周期で増減しています。**このため，抗がん剤を体内時計にあわせて適切な時間帯に投与することで，抗がん剤の効果を高くすることができるのです。**

時間治療は「クロノセラピー」ともよばれているぞ。

10 がんの時間治療

グラフは，通常の肝臓細胞と肝転移した大腸がんの細胞において，「５-FU」という抗がん剤を無害化する物質の量の変化をえがいています。午前４時ごろに投与量がピークになるように５-FUを投与すると，通常の細胞には悪影響が少ないうえ，がん細胞の多くで５-FUを無害化できず，がん細胞は死滅しやすくなります。

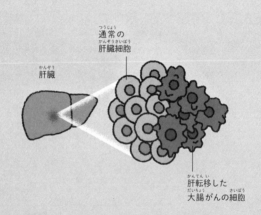

肝臓

通常の
肝臓細胞

肝転移した
大腸がんの細胞

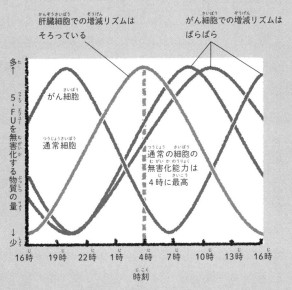

肝臓細胞での増減リズムは
そろっている

がん細胞での増減リズムは
ばらばら

多↑

5-FUを無害化する物質の量

↓少

がん細胞

通常細胞

通常の細胞の
無害化能力は
4時に最高

16時　19時　22時　1時　4時　7時　10時　13時　16時

時刻

注：グラフは，『日本臨牀』（第71巻，第12号，日本臨牀社）をもとに作成。

リウマチは，午前7時ごろにおきやすい

痛みの原因物質の血中濃度が，午前7時ごろ最大

病気を引きおこす物質の中にも，24時間周期で増減しているものがあります。**そのため，さまざまな病気で発症しやすい時間帯があることがわかっています。**

たとえば関節に痛みが生じたり，関節が変形したりする「関節リウマチ」では，午前7～9時に関節の痛みを訴える患者が多くなります。関節リウマチは，関節で炎症がおきることによって痛みが生じる病気です。実は炎症を引きおこす物質の血中濃度は，関節リウマチの患者では午後11時ごろから上昇し，午前7時ごろに最大になります。朝に痛みを訴える患者が多いのは，このためです。

11 24時間周期でおきる現象

実験から，病気が発症しやすい時間帯や，物質の血中濃度が最大になる時間帯，体の機能が最大限に発揮される時間帯などが明らかになっています。

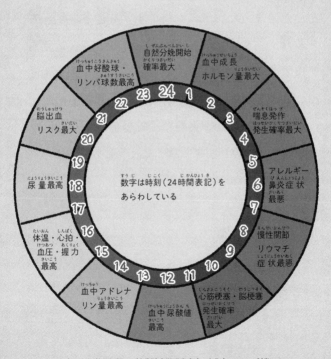

注：理化学研究所の上田泰己博士提供の資料をもとに作成。

原因物質がふえはじめる就寝前に薬を飲む

関節リウマチの患者は通常，夕方と，痛みが生じる朝に薬を飲みます。しかし，それでは痛みが治まらない患者もいます。そこで時間治療の考え方から，原因物質がふえはじめる就寝前に薬を飲むことで，より確実に痛みをおさえることができるのではないかと考えられるようになってきました。実際に，就寝前に薬を飲んだ患者は，痛みが小さくなったと感じる傾向にあります。

寝ている午前1時から3時に成長ホルモンの量が最大になるトキ。「寝る子は育つ」という言葉は本当だトキ。

12 遺伝子が，体内時計を生みだしていた

体内時計の実体は，謎だった

　体内時計は，いったいどのようなしくみで，1日のリズムを刻んでいるのでしょうか。

　動植物が24時間周期のリズムをもつことは，古くから知られていました。たとえば18世紀には，昼の間は葉を広げ，夜になると葉を閉じる「オジギソウ」という植物を真っ暗な場所に置く実験から，オジギソウが体内時計をもつことが明らかにされました。しかし，体内時計の実体がどのようなものかは，長い間，謎に包まれていました。

体内時計には，
遺伝子がかかわっていた

研究が大きく進展したのは，1971年のことです。体内時計の乱れたショウジョウバエを複数調べたところ，いずれも同一の遺伝子に異常がみつかりました。**つまり，体内時計には遺伝子がか**

12 ヒト体内時計の基本メカニズム

我々の細胞内では，右のイラストのようにして，PERというタンパク質の量が1日周期のリズムで増減しています。これが，体内時計の基本的なメカニズムです。

1. 朝→昼間
朝から昼間にかけて，CLOCKとBMALと名づけられた遺伝子それぞれの情報にもとづいて，「CLOCK」と「BMAL」という時計の二つの部品（タンパク質）がつくられていきます。BMALはショウジョウバエではCYCとよばれています。

2. 昼間の後半→夕方
CLOCKとBMALはペアになって，DNAの特定の領域にくっつくことで，別の遺伝子をはたらかせる"スイッチ"を入れます。すると，昼間の後半から夕方に，「PER」と，そのはたらきを助ける「CRY（Cryptochrome）」がつくられて，ふえていきます。

3. 夕方→夜
PERはCRYとペアになって，CLOCKとBMALのはたらきをおさえます。つまりPERとCRYがふえると，PER自身やCRY自身が減るように作用します。ハエではCRYの役割を「TIM（Timeless）」という別の部品が担当します。

かわっていたのです。

　この遺伝子は「Period」（周期の意）と名づけられました。さらにPeriod遺伝子からつくられる「PER」というタンパク質が，細胞内で24時間周期のリズムで増減していることもわかりました。この増減のくりかえしが，体内時計の基本的なしくみだったのです。

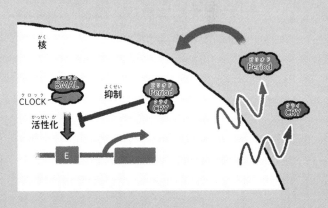

博士！教えて!!

朝型と夜型って何で決まるの？

朝型生活にしたいんですけど，なかなかできなくて。

朝型と夜型を変えることは，むずかしいことなんじゃ。

寝る時間を変えるだけじゃ，だめなんですか？

その人が朝型か夜型かは，実は遺伝子と年齢で決まるんじゃ。睡眠のタイプには，300ほどの遺伝子が影響しているといわれておる。

それから，たとえばショートスリーパーといって，短い睡眠時間で耐えられる人もおる。これも特定の遺伝子のおかげで，レム睡眠が極端に短くすむためなんじゃ。

博士はいつも早起きで，朝型ですよね。

166

年齢も影響しておる。幼少期より10代の青年期のほうが夜型になりやすく，40〜50代以降でまた朝型の傾向が強まっていくんじゃ。

ふぁー，眠くなってきたわい。

博士，1日はまだこれからですよ！

167

日本は，睡眠不足の国

　今，日本人のほとんどは睡眠不足である
といわれています。この半世紀で，日本人
の睡眠時間は平均1時間ほども減ってい
ます。

　日本人の睡眠時間の短さがよくわかる調
査結果があります。右の表は，「経済協力
開発機構（OECD）」が2020年に発表し
た，世界各国の15 〜 64歳の男女の平均睡
眠時間です。調査対象の33か国の中で，
最も平均睡眠時間が長かったのは，南アフ
リカ人の9時間13分でした。一方，最も平
均睡眠時間が短かったのは，日本人の7時
間22分でした。日本人は，南アフリカ人よ
りも，およそ1時間50分も平均睡眠時間が
短かったのです。日本人の睡眠時間が，い

かに短いかがわかります。

　日本人の睡眠時間がこれほどまでに短いのは，労働時間や通勤時間が長いこと，スマホなどのIT機器の利用時間が長いことなどが原因とみられています。

世界各国の15〜64歳の男女の平均睡眠時間

順位	国名	平均睡眠時間
1	南アフリカ	9時間13分
2	中国	9時間02分
3	エストニア	8時間50分
4	インド	8時間48分
4	アメリカ	8時間48分
6	ニュージーランド	8時間46分
・ ・ ・	・ ・ ・	・ ・ ・
32	韓国	7時間51分
33	日本	7時間22分

（出典：経済協力開発機構［OECD］の国際比較調査，2020年）

第4章

暦と時計

　古代から人類は天体を観測し，その運行と暦とをうまく調和させる努力をつづけてきました。そして，1年から1秒に至るまで，時間を正確に決める方法を追究してきました。第4章では，暦と時計についてみていきましょう。

地球の1年は, 365.2422日

ユリウス暦と実際の季節は, 10日ずれていた

　私たちが現在使っている暦は, ローマ教皇グレゴリウス13世が1582年に制定した「グレゴリオ暦」です。グレゴリウス13世の時代, キリスト教の祭事を行う上で, 問題が生じていました。当時使われていた暦は, ジュリアス・シーザー（紀元前100ごろ～紀元前44）が紀元前45年につくった「ユリウス暦」でした。**このユリウス暦と実際の季節との間に, 10日ほどのずれが生じていたのです。**

400年に3回，うるう年を入れることをやめた

1年（地球が太陽を1周する時間）の長さは，正確には365.2422日です。365日よりも，約4分の1日だけ長くかかります。シーザーは，4年に1度，2月29日のある「うるう年」を挿入することで，ユリウス暦の1年の長さを修正しようとしました。

しかしこの方法は，ユリウス暦の1年の長さを，11分長くしてしまいました。このずれが積もり積もって，グレゴリウス13世の時代に10日のずれが生じたのです。グレゴリウス13世は，400年に3回，うるう年を入れることをやめることで，より正確なグレゴリオ暦を制定しました。

1 1年は365.2422日

地球の1年の長さは，365.2422日です。グレゴリオ暦では，4年に1度うるう年を挿入し，さらに400年に3回うるう年を入れるのをやめます。こうすることで，グレゴリオ暦の1年は，平均365.2425日となります。暦の1年は，約26秒長いだけです。

グレゴリウス13世は，1582年に10月4日の次の日を10月15日として，10日のずれを飛ばした。
つまり，1582年10月5日から14日までは存在しないことになるな。

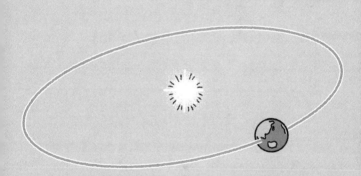

365.2422日

1年の長さは，少しずつ短くなっている

100年間に，0.53秒ほど短くなっている

地球が太陽を1周して決まる1年は，「太陽年」とよばれ，春分から次の春分までの時間と定義されています。前のページでは，この1年の長さは365.2422日だと説明しました。

しかし実際には，1年の長さはごくわずかずつ，100年間に0.53秒ほど短くなっているといいます。これは，1年の長さに端数があることで生じる暦のずれとは別の問題です。いったい，どういうことなのでしょうか。

太陽からの平均距離が, 短くなっている

　ドイツの天文学者のヨハネス・ケプラー（1571 〜 1630）が発見した惑星の運動法則（ケプラーの法則）によると, 地球は太陽のまわりをだ円軌道をえがいて, 一定の周期でまわっているとされます。しかし厳密には, 地球のだ円軌道は変化しています。地球が, ほかの惑星の重力の影響を受けているからです。

　地球の軌道は, 楕円軌道から少しずつ円軌道に近づき, 太陽からの平均距離が短くなっています。このため, 地球が太陽を1周する時間が短くなり, 1年の長さがだんだんと短くなっているのです。

2 1年の長さが変わる理由

地球だけが太陽を公転しているならば，地球の軌道は変化せず，1年の長さは変わりません。しかし実際には，地球の軌道はほかの惑星の影響を受けて，わずかに乱れます。そのため厳密には，1年の長さは毎年変わります。

地球だけが公転している場合

ほかの惑星の重力の影響を受ける場合

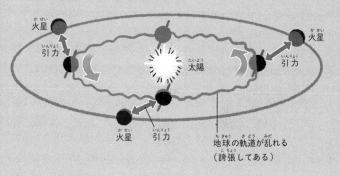

火星

引力

太陽

火星

引力

火星

引力

地球の軌道が乱れる
（誇張してある）

注：ここでは、火星の重力の影響を例にあげました。
　　地球は、火星以外の惑星の重力の影響も受けます。

1日の長さは,
毎日変わる

南中から南中までの時間は,
日によってことなる

　今度は,1日の長さを考えてみましょう。

　天体が真南にくることを,「南中」といいます。もともと1日の長さは,北半球の場合,太陽が南中してから次に南中するまでにかかる時間として決められました。**ところがこの南中から南中までの時間は,実は日によってことなります。**その理由は,地球の公転速度が一定ではないからです。

地球が誕生したころ,1日の長さは5時間程度だったとされているトキ。

太陽が空を移動する速度は，変化する

　地球の公転軌道は，わずかにだ円をえがいています。地球は，太陽から近いところでは速い速度で公転し，遠いところでは遅い速度で公転します。地上から太陽を見上げると，太陽が空を移動する速度は変化することになります。このため，南中から南中までの時間は，日によってことなるのです。

　1日の長さが日によってことなるのは不便です。そこで現在は，太陽が空を移動する速度を1年間で平均して，1日の長さが同じになるようにしています。この1日の長さを，「平均太陽日」といいます。

3 公転速度と1日の長さ

地球の公転速度は，太陽から近いところでは速く，遠いところでは遅くなります（左のイラスト）。太陽に近いときの地球は，太陽から遠いときよりも多く自転しないと，太陽が南中しません。このため1日が長くなります（右のイラスト）。

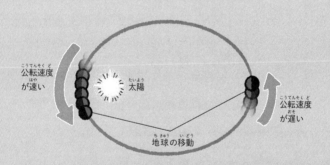

公転速度
が速い

太陽

公転速度
が遅い

地球の移動

太陽から遠いとき

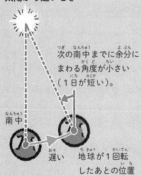

次の南中までに余分に
まわる角度が小さい
（1日が短い）。

南中

遅い

地球が1回転
したあとの位置

太陽から近いとき

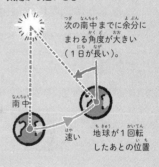

次の南中までに余分に
まわる角度が大きい
（1日が長い）。

南中

速い

地球が1回転
したあとの位置

1秒の長さは，更新されつづけてきた

1日の長さも1年の長さも，一定ではない

かつて1秒の長さは，1日の長さの8万6400分の1と定義されていました。ここでいう1日の長さは，平均太陽日です。この定義は，地球の自転速度が一定であることが前提となっていました。ところが20世紀中ごろまでに，地球の自転速度は，月の引力の影響などによって，少しずつ遅くなっていることがわかりました。1956年には，1秒の長さを決める基準が，1日から1年に変更されました。しかし1年の長さも，少しずつ遅くなっていたのです。

4 セシウム原子時計のしくみ

現在，1秒の基準となっているのが，セシウム原子
を使った原子時計です。セシウム原子は，特定の周
期をもつ電波を吸収・放出します。セシウム原子
時計は，セシウム原子が吸収・放出した電波が，91
億9263万1770回振動する時間をはかり，1秒とす
る時計です。

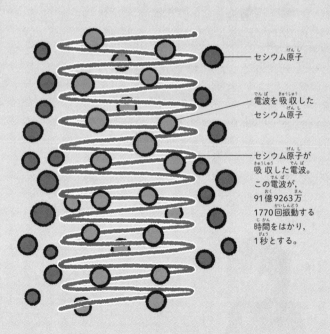

セシウム原子

電波を吸収した
セシウム原子

セシウム原子が
吸収した電波。
この電波が，
91億9263万
1770回振動する
時間をはかり，
1秒とする。

セシウム原子が吸収・放出する電波が基準

現在の1秒の基準となっているのは,「原子時計」です。原子時計とは,ある原子が吸収・放出する電波の振動回数を数え,一定数振動する時間をもとに1秒を決める装置です。

現在1秒は,「セシウム原子が吸収・放出する電波が91億9263万1770回振動するのにかかる時間」と定義されています。原子時計は,30万〜3000万年に1秒しか誤差がでません。そして今もなお,より精度の高い時計の研究開発が進められています。

1秒の長さは,今後も変わっていくのかしら。

memo

太陽暦と太陰暦って何？

今のカレンダーって，どうやってできたんですか？

カレンダーは，日本語では「暦」といって，現在使われているのは「太陽暦」という暦じゃ。太陽の運行をもとにしてつくられたので，そのようによばれておる。

へぇー。

月の満ち欠けを基準につくられた，「太陰暦」というものもあるぞ。月の形で日にちの経過がわかりやすいのが特徴じゃな。しかし，月の満ち欠けの周期は29.5日なので，12か月で354日にしかならん。

11日も足りなくて，大丈夫なんですか？

うむ，実際の季節と暦が少しずつずれていくじゃろうな。そこで数年に1度「うるう月」を設定して，1年を13か月とするんじゃ。こうして，太陰暦を太陽の動きと調和させた暦を，「太陰太陽暦」という。昔の日本で使われていたので，今では「旧暦」とよばれておる。

大和暦をつくった渋川

江戸時代にはじめて日本独自の暦をつくった、天文学者の渋川春海（1639～1715）

当時の「宣明暦」は日食や月食の予報が2日遅れるなど誤差が生じていた

春海は最高の中国暦といわれた「授時暦」に改暦を願い出るも

授時暦どおりに日食がおきず改暦は頓挫

その後、中国と日本で天文現象がことなることに気がつき

日夜の観測などからついに日本独自の「大和暦」を完成させた

当時は中国の暦を推す意見が根強く中国暦の採用が決まってしまった

しかしその欠点を指摘しつつ大和暦の正確さを立証。1685年、「貞享暦」として採用された

天文学と囲碁のコラボ

春海は棋士だった父の死で13歳にして父の跡をついだ

徳川将軍の前で碁を打つ御城碁にも出仕し名勝負をくり広げる

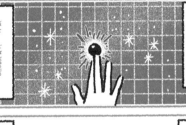

囲碁にも天文学の法則をあてはめて

初手は碁盤中央の「天元」であるべきとした

ある日、ライバルの本因坊道策との対局で初手に天元を打つ

「これでもし負けたら一生天元には打たない」と宣言

しかし対局は負け…

それ以後初手に天元を打つことはなかった

memo

さくいん

ニュートン超図解新書
最強に面白い
確率

2023年6月発売予定　新書判・約200ページ　990円(税込)

　海水浴に行ったら，泳ぐべきなのか，泳ぐべきではないのか…。宝くじは，買ったほうがいいのか，買わないほうがいいのか…。「Re: 報酬150万円は受け取りましたか？」というタイトルのメールは，開封すべきなのか，開封すべきではないのか…。

　もちろん，どちらを選択するのも自由です。でも，この先どんなことがどれくらいおきそうなのかが事前にわかったら，選択をする際の参考になると思いませんか？　確率とは，あるできごとがおきる割合を，数字であらわしたものです。つまり確率を理解すれば，より合理的な選択ができる可能性が高くなるのです！

　本書は，最強に面白い具体例とともに，確率を楽しく学べる1冊です。ぜひご一読ください！

余分な知識満載だワン！

主な内容

オドロキの確率

アメリカでサメに襲われて死ぬ確率は「約375万分の1」
日本にいる危険生物ランキング

ギャンブルの確率

ドリームジャンボ宝くじ，1等の当選確率は「1000万分の1」
1300年以上前に，日本では賭博が禁止された!?

身近で活躍する確率

迷惑メールは確率計算によって判定される
迷惑メールのスパムは，加工肉缶詰のスパムに由来

確率の超基本

確率には「統計的確率」と「数学的確率」がある
数学的確率を計算するには，「場合の数」が重要！

Staff

Editorial Management	中村真哉
Editorial Staff	道地恵介
Cover Design	岩本陽一
Design Format	村岡志津加（Studio Zucca）

Illustration

表紙カバー	岡田悠梨乃さんのイラストを元に佐藤蘭名が作成
表紙	岡田悠梨乃さんのイラストを元に佐藤蘭名が作成
7~93	岡田悠梨乃
96~97	荻野瑶海さんのイラストを元に岡田悠梨乃が作成
100~103	荻野瑶海さんのイラストを元に岡田悠梨乃が作成
108~191	岡田悠梨乃

監修（敬称略）：
　二間瀬敏史（東北大学名誉教授）
　石田直理雄（国際科学振興財団　時間生物学研究所所長）

本書は主に，Newton 別冊『時間とは何か 新訂版』の一部記事を抜粋し，
大幅に加筆・再編集したものです。

ニュートン超図解新書
最強に面白い　時間

2023年7月10日発行

発行人	髙森康雄
編集人	中村真哉
発行所	株式会社 ニュートンプレス　〒112-0012 東京都文京区大塚3-11-6
	https://www.newtonpress.co.jp/

ニュートン超図解新書

最強に面白い

時間

はじめに

　時間は，だれにとっても身近なものです。しかし時間とは，いったい何なのでしょうか。この疑問は，古くから多くの科学者たちを悩ませてきました。そして今なお，物理学の最前線で，時間の正体を解き明かそうと研究が進められています。「時間が過去から未来へ流れるのはなぜなのか」「過去にもどることはできないのか」。そういった謎に，物理学者たちは真剣に取り組んでいるのです。

　時間についての不思議は，ふだんの生活の中にもひそんでいます。「楽しい時間が，短く感じるのはなぜなのか」「夜に自然に眠くなるのは，どういうしくみなのか」。これらの不思議には，私たちの体や脳の中にある，時